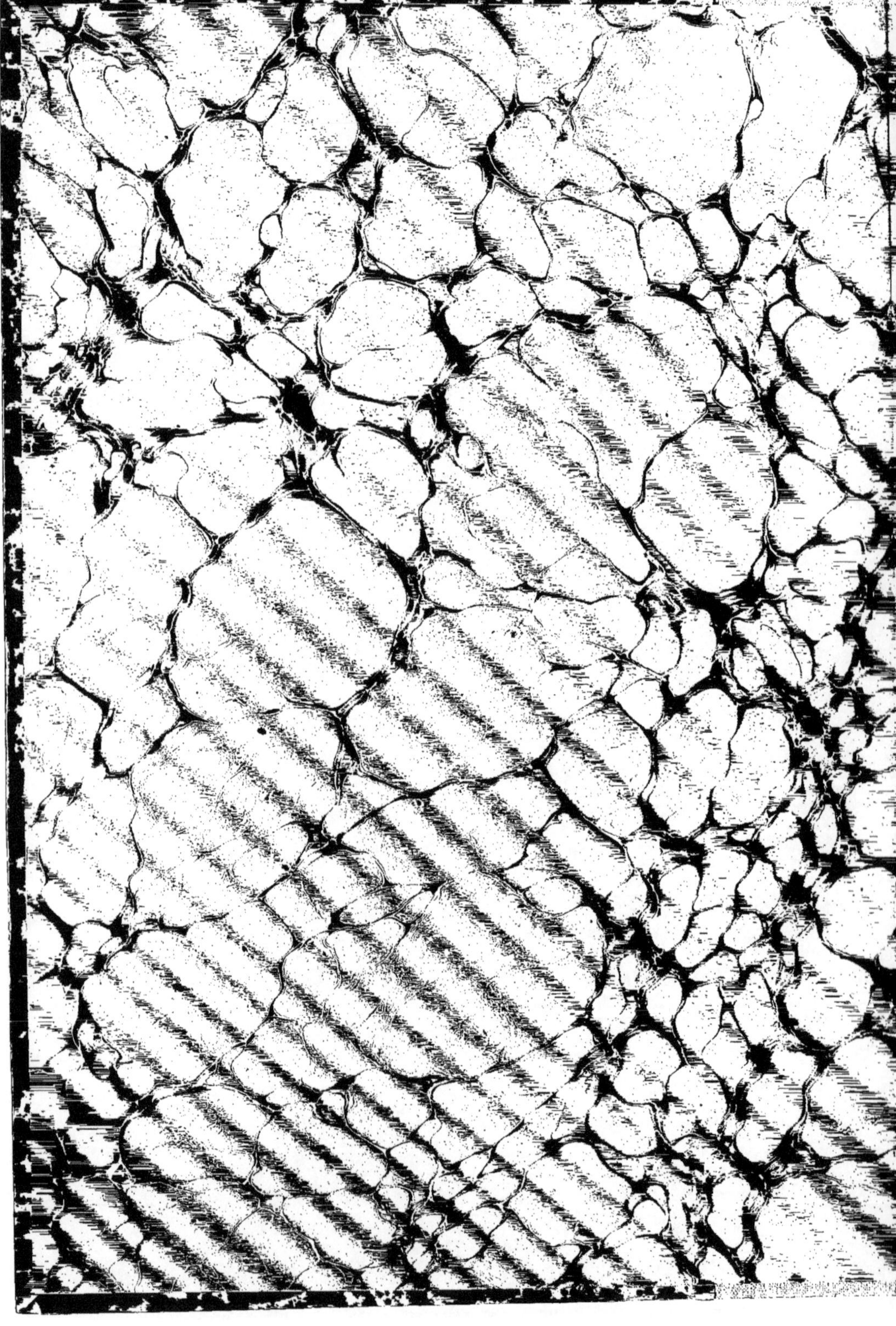

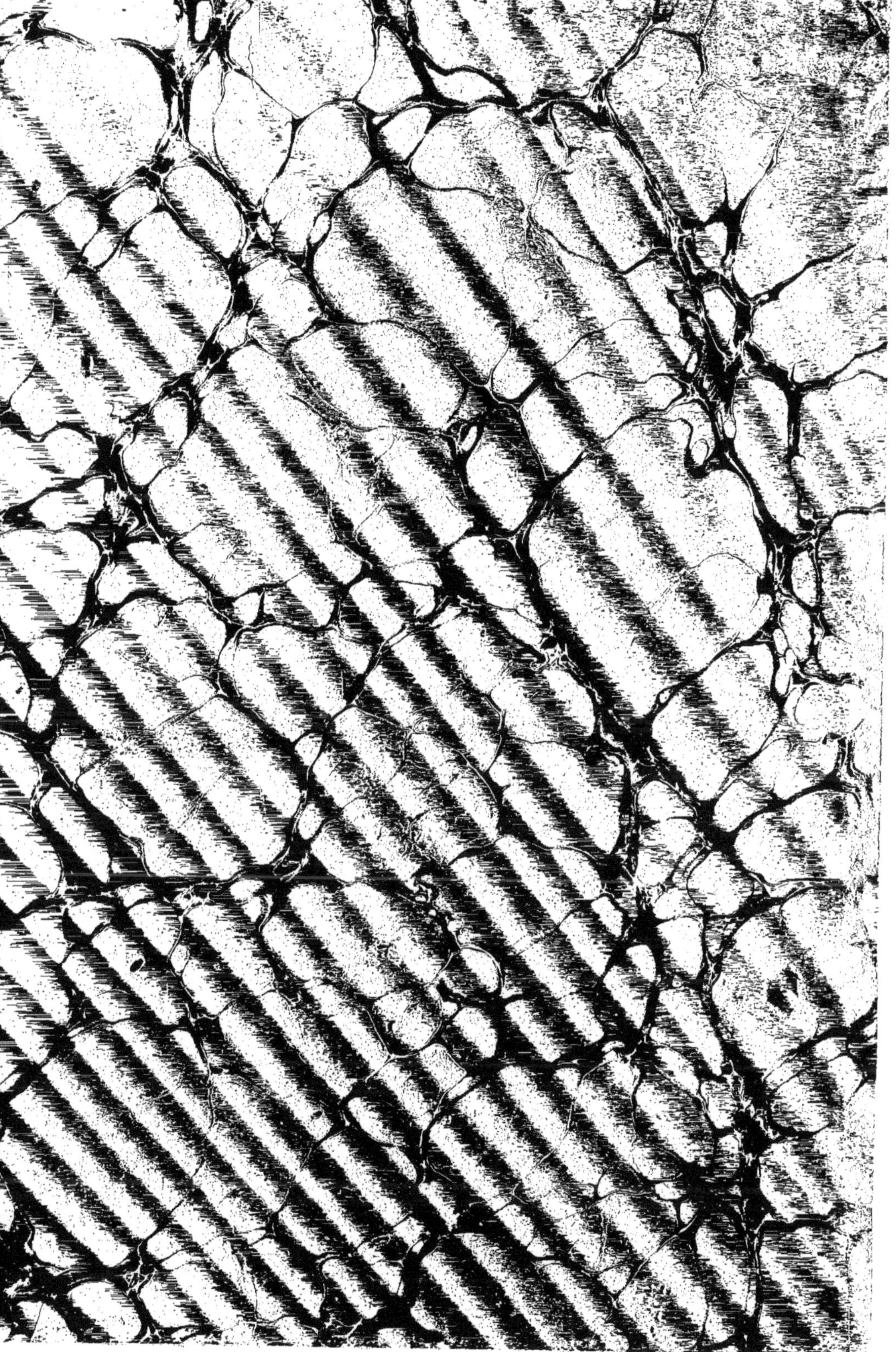

MYRTACÉES DU PARAGUAY

RECUEILLIES PAR

Mr le Dr Emile HASSLER

ET

DÉTERMINÉES

PAR

J. BARBOSA RODRIGUES

Directeur du Jardin Botanique de Rio de Janeiro

IMPRIMERIE TYPO-LITHOGRAPHIQUE J. GOFFIN FILS

Jos. DE GRÈVE, Succr

AVENUE FONSNY, 119, BRUXELLES

1903

Myrtacées du Paraguay

MYRTACÉES DU PARAGUAY

RECUEILLIES PAR

Mr le Dr Emile HASSLER

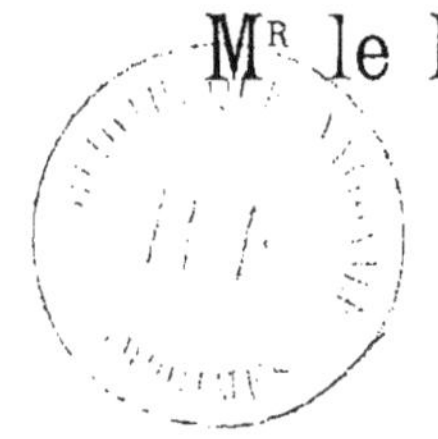

ET

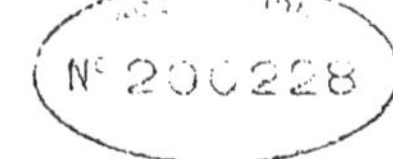

DÉTERMINÉES

PAR

J. BARBOSA RODRIGUES

Directeur du Jardin Botanique de Rio de Janeiro

IMPRIMERIE TYPO-LITHOGRAPHIQUE J. GOFFIN FILS

Jos. DE GRÈVE, Succr

AVENUE FONSNY, 119, BRUXELLES

1903

AU LECTEUR.

Pendant l'année 1899, le botaniste Dr EMILE HASSLER, résident au Paraguay, a fait une excursion aux Serras de Amambay et de Maracayu, aux frontières du Brésil, et à son retour il en apporta une grande collection de plantes, tout à fait différentes de celles qui étaient connues jusqu'ici au Paraguay. Toutes les collections qu'il avait faites auparavant, ont été envoyées en Europe pour y être déterminées par des savants botanistes; et pour cela, il envoya aussi, comme d'habitude, en Europe, le fruit de son dernier voyage, ne laissant que les Palmiers, qui m'ont été communiqués, pour les déterminer; ce que j'ai fait, comme on le voit dans la publication sous le titre *Palmæ Hasslerianæ Novæ*.

Parmi les plantes de différentes familles envoyées en Europe, il y avait celles de la famille des Myrtacées. Ne trouvant personne qui voulût se charger de la difficile tâche de déterminer ces Myrtacées, comme me le dit Mr le Dr Hassler, dans sa lettre du 13 mars 1901 en ces termes : « Il me vient d'arriver » une lettre du Professeur Chodat, où il me dit que jusqu'au- » jourd'hui il n'avait trouvé aucun collaborateur pour la grande » famille des Myrtacées. » J'en fus alors chargé.

Dans une autre lettre, du 12 juillet 1901, il me dit encore: « Je viens de recevoir à l'instant une lettre de Mr le Professeur » Chodat qui m'écrit : Votre lettre de ce matin me réjouit fort, » je suis ravi de ce que Mr Barbosa Rodrigues veuille se charger » de déterminer les Myrtacées de votre collection. »

En effet, plus tard, j'ai reçu l'herbier des Myrtacées, qui m'a été envoyé par Mr le Professeur Chodat, de Genève, et le résultat des études que j'ai fait est ici consigné.

La famille des Myrtacées, les *Myrtes* de Bernard de Jussieu et d'Adanson, a eu ce nom donné par Robert Brown, en 1814, mais il appartient à A. Pyrame de Candolle, de faire la première monographie, publiée en 1828, dans son *Prodromus*.

Après cela Schauer, Lindley et Endlicher, ont fait des divisions, des exclusions et des inclusions, de plantes qui ont été portées à d'autres familles et à différentes sections. Tous ces travaux ont rendu la famille chaque jour plus difficile à étudier, surtout par des courtes diagnoses, comme celles du Dr Candolle.

En 1857 paru une nouvelle monographie, la plus complète faite par la *Flora Brasiliensis*, publiée par le Dr Otto Berg, alors très augmentée, par suite des découvertes de Cambessèdes et d'autres. Après ce travail du savant spécialiste, Bentham et Hooker, Baillon et Franz Niedenzu, ont remanié la monographie de Berg, en faisant d'autres divisions acceptant quelques genres et en refusant d'autres, qui ont passé à la synonimie, ainsi que des espèces qui d'un genre ont passé à d'autres.

Dans ce chaos, ou les caractères génériques et même spécifiques sont quelquefois douteux, parce que les uns se basent sur un organe et d'autres en autruis, parmi les nombreuses espèces qui contiennent quelques genres, comme les *Eugenia*, les *Myrcia*, les *Psidium* et d'autres, j'ai été très embarassé, pour déterminer les espèces Hasslériennes, sans l'auxiliaire d'un bon herbier, ne m'aidant que du *Prodromus*, de De Candolle, de la *Flora Brasiliæ Meridionalis* de St-Hilaire, de la *Flora Brasiliensis*, des *Genera Plantarum* d'Endlicher et de Bentham et Hooker, les *Symbolæ* de Grisebach, et les espèces décrites par Morong, dans sa *Flora du Paraguay* et Spencer M. Moore, dans le *Phanerogamic Botany of the Matto Grosso Expedition*, de Berro, *La Vegetation Uruguay*, et de Hieronymus *Plantæ Diaphoricæ*.

S'il y a une famille qui demande un bon herbier pour la bonne détermination, celle des Myrtacées est une qui n'en dispense pas, car les fleurs des espèces se ressemblent tant, les caractères des bourgeons et des ovaires sont si semblables, qu'il n'y a pas d'autre vrai moyen de les distinguer que par la confrontation des échantillons, déterminés par les monographes eux-mêmes, cependant nous avons fait ce que nous avons pu avec les éléments que nous possédons; et le résultat a été au-dessus de nos désirs. Par bonheur, si nous ne nous trompons pas, toutes les espèces qui nous sont tombées sous les yeux sont, nous le croyons, nouvelles, car aucune ne s'identifie avec les descriptions des ouvrages cités. Néanmoins il n'y a pas à douter, car ces espèces ont été recueillies dans un endroit non encore visité par des botanistes ou des collectionneurs, et proviennent d'un climat différent, où la flore change entièrement, comme nous l'avons remarqué en parcourant le plateau de Matto Grosso. Pour mieux les étudier, nous avons dessiné toutes les espèces très soigneusement et très fidèlement, et, si les descriptions et les dessins ne sont pas bien complets, c'est que les matériaux n'étaient pas complets non plus, n'ayant de quelques échantillons qu'une seule fleur, et pas de fruits. La distinction spécifique des Myrtacées ne se fera jamais, parfaitement, que basée aussi sur les caractères des fruits et en présence des exemplaires vivants, parce que dans les herbiers ce qui se confond, dans la nature s'éloigne, et vice versa.

Les espèces trouvées par M[r] le Dr Hassler, sont toutes des régions champêtres et je crois que ces champs sont annuellement brûlés par le feu, d'où leur rachitisme. Les plantes des *queimadas* ont toujours un aspect spécial, car elles ne peuvent se développer naturellement, mais quand elles sont transplantées elles acquièrent souvent un port tout à fait différent, comme je l'ai observé dans mes excursions.

Jardin Botanique de Rio de Janeiro, 22 juin 1902.

L'AUTEUR.

Ordo MYRTACEÆ R. Br.

Tribus MYRTEÆ DC.

Subtribus MYRCIOIDEÆ Berg.

I. MYRCIA D. C.

1. MYRCIA (§ Tomentosæ) SPARSIFOLIA BARB. RODR.:

Bracteis, gemmis, albo sericeis; foliis sparse dispositis, petiolatis, oblongis, basi paulo angustatis, acutis, basi obtusis, discoloribus, supra glabris, subtus sparse tomentosis et nervis bruneo pubescentibus, arcuato-costatis, limbinervis; floribus axillaribus, 1-3 contemporamis, breviter pedunculatis, bracteatis, folio multo brevioribus; germine biloculari, biovulato; lobis calycinis 5, subacutis, extus albo-sericeis; petalis ellipsoideis, fimbriatis.

TAB. I.

Frutex 2m-3m alt.; *rami* teretiusculi, brunnei. *Folia* lamina 0m075 × 0m032 lg., nervo medio subtus prominente, venis prominulis; atroque latere 5-8. *Pedunculi* 0m007 lg., petiolum majores, sericei. *Alabastra* subglobosa, bracteolis membranaceis, extus sericeis, lanceolatis, acutis. *Sepala* 5, *Ovarium* 4-ovulatum, sericeum; disco subelevato, velutino. *Sepala* 5, subconcava, lanceolata, obtusa, extus sericea, 0m003 × 0m002 lg. *Petala* 5, ellipsoidea, apice subconcava, recurva, venosa, fimbriata, 0m012 × 0m007 lg. *Stylus* staminibus minori, erectus, 0m005 lg. *Antheræ* oblongæ, utrinque emarginatæ, dorso supra basin affixæ.

HAB. in regione vicine San Estanisláo, *in Paraguay*.
Floret Aug. Legit Hassler. Herb. nº 4214.

2. MYRCIA (§ Costatæ.) HASSLERIANA BARB. RODR. :

Ramulis foliis novellis subtus parce velutinis; foliis breviter petiolatis, lanceolatis, obtuse acutis, basi leviter acutis v. leviter cordatis, utrinque glabris, pellucido-punctatis, subdiscoloribus, venosis, limbisserviis; pedunculis axillaribus, folium subaequantibus, 3-floris, floribus ternatis, pedicellatis, pedunculis medeis paulo minoribus; germine biloculari; lobis calycinis rotundatis, ciliolatis; petalis late rotundatis, venosis.

TAB. II.

Frutex 1m-1m5 lg.; *rami* teretes, ferruginei. *Folia* novella membranacea rubentia, adulta atro-viridia subtus cano-viridia; *petiolo* 0m003 lg.; *lamina* 0m017 — 0m025 × 0m010 — 0m015 lg., nervo medio subtus prominente, venis tenuissimis; *Pedunculi* 0m015 lg., filiformes, solitarii, axillares, triflori, floribus pedicellatis, pedicellis 0m005-0m006 lg. *Alabastra* subglobosa, 0m004 lg. *Germen* 4-ovulatum, suboblongum. *Sepala* 0m001 lat. concava, ciliolata. *Petala* 0m002 × 0m003 lg. alba, concava, reflexa. *Stamina* 0m004 lg. petala majora. *Antheræ* late oblongæ, utrinque paulo emarginatæ, dorsaliter ad basin affixæ. *Stylus* erectus, 0m005 lg.

HAB. in campis regione fluminis Carimbatay, *ad* Paraguay.
Floret Sept. Herb. Hassler, nº 4565.

II. MYRCEUGENIA Berg.

1. MYRCEUGENIA LONGIPEDICELLATA BARB. RODR.:

Ramulis foliis pedunculisque glabris; foliis lanceolatis, utrinque acutis, obtusis, sessilibus, pellucido-punctatis, venosis, duplicato-limbinerviis; pedunculis axillaribus, solitariis, unifloris, elongatis, gracilibus, folio subaequantibus; germine suboblongo, ad apicem contracto, pubescenti; sepalis lanceolatis, concavis, acutis, extus brunneo-pubescentibus; petalis ellipticis, basi attenuatis, pubescentibus.

TAB. III.

Frutex 0m3-0m4 lg. *Rami* cinnamomei, decorticanti, tereti, glabri. *Folia* 0m040 — 0m070 × 0m016 — 0,022 lg., nervo medio subtus prominente, venis parum prominulis. *Pedunculi* erecti. graciles, subfiliformes, 0m05 lg. *Alabastra* subglobosa, 0m008 lg, *Sepala* 4, extus brunneo-puberula, in alabastra erecta, globo petalorum longiora, demum patentia, 0m007 lg. *Petala* 4, puberula, venosa alba, concava, obtusa, 0m01 × 0m004 lg. *Stamina* stylusque paulo majora. *Stylus* erectus, 0m007 lg.

HAB. in campis altoplanitie Yeruty, *ad* Serra do Maracayú, Paraguay. *Floret Dec. Hassler Herb. nº 5789.*

Tribus EUGENIOIDEÆ Berg.

III. EUGENIA Mich.

1. EUGENIA (§ Bifloræ) MARACAYUENSIS Barb. Rodr.:

Glabra ; foliis sessilibus, coriaceis, supra vernicosis, brunneo incrassato-marginatis, ellipticis, obtuse acutis, subsessilibus, pellucido-punctatis, arcuato-limbinerviis, subtus nervo medio brunneo prominente, paulo discoloribus ; pedunculis brevibus axillaribus bracteæ fultis, 2-3 contemporaneis, unifloris ; germine biloculari ; sepalis subrotundis, concavis ; petalis cucullatis, albis ; antheræ cordiformæ, basi subtus affixæ.

TAB. IV.

Frutex 0m3-0m4 lg.. *Rami* feruginei, subcompressi, glabri, laevigati. *Folia* brunneo incrassato-marginata ; *petiolo* subnullo, 0m001 lg., *lamina* 0m060 — 0m065 × 0m035 — 0m0038 lg., nervo medio brunneo subtus prominente. *Pedunculi* 0m006-0m008 lg., glabri ; *Germen* oblongum, bibracteolatum, glabrum, multiovulatum, *Sepala* 4, subrotunda, concava, $0^{m}002$ lg., *Petala* 4, cucullata, subacuta, alba, $0^{m}006$ lg., *Stamina* stylusque majora; *antheræ* cordiformes, dorso basi affixæ. *Stylus* erectus, $0^{m}003$-$0^{m}004$ lg..

HAB. in campis Ipê-hú, *in alto planitie et declivis.* Serra do Maracayú, *Brasil, Floret Oct. Hassler Herb. N° 5194.*

2. EUGENIA HASSLERIANA Barb. Rodr. :

Ramis brunneis, decorticantibus; ramulis junioribus foliisque subtus velutinis; foliis sessilibus, lineari-lanceolatis, obtusis, basi subacutis, supra nitido-velutinis, subtus opaco-velutinis, nervo medio subtus prominente, limbinerviis, suberectis, dispoloribus; pedicellis axillaribus 2-3-nis, parvis, unifloris; germine biloculari; sepalis oblongis, obtusis, concavis; petalis ellipticis, margine fimbriatis, albis, subconcavis ; autheræ cordiformes acutæ, basi affixæ.

TAB. V.

Suffrutex $0^{m}5$-1^{m} lg., *Rami* teretes, cinnamomei, glabri; *ramuli* velutini. *Folia* $0^{m}045$-$0^{m}060 \times 0^{m}010$-$0^{m}015$ lg., utrinque velutina, pilis nitidis, nervo medio subbrunneo subtus prominente. *Pedicelli* $0^{m}01$ lg., glabri. *Alabastro* globoso, $0^{m}004$ lg., *bracteolis* 2, linearibus, $0^{m}002$ lg.. *Germen* multiovulatum, $0^{m}002$-$0^{m}003$ lg. glabrum. *Sepala* $0^{m}003$ lg., obtusa, recurva. *Petala* elliptica, margine fimbriata, alba, $0^{m}015 \times 0^{m}009$ lg., concava, patula. *Stamina* undulata, stylusque minora; *Antheræ* erectæ, basifixæ. *Stylus* erectus, subcurvatus, $0^{m}001$ lg.

HAB. in campis in regione vicine San Estanisláo, *ad* Paraguay. *Floret Aug. Hassler Herb. N° 4190.*

3. EUGENIA MONTIGENA Barb. Rodr.:

Rami albo-cinnamomei, glabri, teretes ;foliis glabris, sessilibus, patulis, lineari-lanceolatis, obtusis, limbinerviis, pellucido-punctatis ; pedicellis axillaribus, 3-4-nis, linearibus, elongatis, gracilibus, argute pauci-villosis, folio paulo brevioribus; germine biloculari, pubescenti; sepalis oblongis, extus basi pubescentibus, obtusis; petala obovata, venosa, fimbriata; antheræ oblongæ, utrinque profunde emarginatæ; stamina stylusque minore; stylo geniculato.

TAB. VI.

Frutex 0^m6-0^m8 lg.. *Rami* graciles, glabri, laevigati superne gemmisque pilis rufis obtecti. *Folia* 0^m06 — $0^m075 \times 0^m013$ — 0^m020 lg., nervo medio subtus prominente, venis subtus magis prominulis. *Pedicelli* 0^m04-0^m05 lg., *Alabastro* 0^m005 lg., *Germen* obconicum, multiovulatum, velutinum, disco velutino. *Sepala* oblonga, obtusa, 0^m005 — $0^m006 \times 0^m002$ — 0^m003 lg., basi puberula. *Petala* obovata, margine fimbriata, venosa, $0^m012 \times 0^m008$ lg.. *Stamina*, 0^m018 lg., *Stylus* 0^m021 lg. geniculatus, ad apicem attenuatus.

HAB. in dumeta Cordillera dos Altos *ad* Paraguay.
Floret April. Hassler Herb.N° 4098.

4. EUGENIA (§ Racemosæ) CORRIENTINA Barb. Rodr.:

Glabra; foliis regidis, subsessilibus, oblongis, obtuse acutis, basi subrotundis, discoloribus, supra nitidis, pellucido-punctatis, margine leviter recurvis, limbinerviis, subtus opacis; racemis validis, suberectis, axillaribus; floribus in dichotomiis pedicellatis, bracteolis 2, fimbriatis; germine biloculari; sepalis subrotundis, concavis, pellucido-punctatis, margine ciliolatis; petalis oblongis, acutis, concavis, pellucido-punctatis, margine ciliolatis.

TAB. VII.

Frutex 0ᵐ3 - 0ᵐ5 lg. *Rami*, teretes; *Folia*, subsessilia; *petiolo* 0ᵐ001-0ᵐ002 lg.; *lamina* 0ᵐ03 — 0ᵐ08 × 0ᵐ02 — 0ᵐ04 lg., nervo medio supra sulcato, venis tenuibus plurimis supra parum prominulis; *Racemi* 0ᵐ03-0ᵐ06 lg., rachi subcompressa, pedicellis 0ᵐ01-0ᵐ018 lg., bractea lanceolata, acuta, 0ᵐ002-0ᵐ003 lg. *Alabastra* globosa, 0ᵐ001 lg., bracteolis 2, lanceolatis, ad marginem ciliatis. *Germen* multiovulatum, pellucido-punctatum, 0ᵐ002 lg. *Sepala* 4, subrotunda, reflexa, pellucido-punctata, margine ciliolata, 0ᵐ003 lg. *Petala* 0ᵐ012 × 0ᵐ001 lg., alba, ciliolata. *Stamina* stylusque minora, 0ᵐ001-0ᵐ008 lg., *antheræ*, oblongae, utrinque emarginatæ, dorso subtus affixæ.

HAB. in campis regione fluminis Corrientes *ad* Brasil. *Floret Sept. Hassler Herb. N° 4527.*

5. EUGENIA (Myrciaria Berg.) LEPTOPHYLLA

BARB. RODR. :

Glabra; foliis suberectis, ad apicem ternatis, sessilibus v. brevissime petiolatis, rigidis, auguste linearibus, obtusis, pellucido-punctatis, limbinerviis; pedunculis axillaribus, solitariis, floris, folio triplo brevioribus; bracteolæ 2; ovario obconico, biloculari, glabro; sepalis subrotundis, concavis, pellucido-punctatis, margine ciliolatis, duabus interioribus margine superiore incurvis; petalis ellipticis, concavis, venosis; antheræ apice emarginatæ, dorsaliter sulcatæ, et ad basin affixæ.

TAB. VIII.

Suffrutex 0ᵐ2-0ᵐ4 lg.. *Rami* cinnamomei, teretes, nitentes, foliosi; *Folia* petiolo 0ᵐ001 lg.; *lamina* margine recurva, nervo medio subtus prominente, 0ᵐ06-0ᵐ07 × 0ᵐ006 lg. *Pedunculi* filiformes, 0ᵐ010-0ᵐ015 lg.; bracteolæ 2; pedicelli divaricati, 0ᵐ010 lg.; *Alabastra* subglobosa, 0ᵐ003 lg.. *Ovarium* 4- ovulatum, 0^m003 lg.. *Sepala* 4, subrotunda, concava, patula, ciliolata, 0^m002 lg.. *Petala* 4, $0^m006 \times 0^m004$ lg., rosea. *Stamina* 0^m003 lg. stylusque minora ; *stylus* incurvatus, 0^m004 lg.

HAB. in campis Nandurucay *et in alto planitie et declivis* Serra de Maracayu, *ad* Paraguay.
Floret Oct. Hassler Herb. N° 4921.

6. EUGENIA (Myrciaria Berg.) DUMICOLA BARB. RODR.:

Ramullis novellis petiolisque arguti puberulis; foliis patulis, rigidis, anguste linearibus, obtuse acutis, brevissime petiolatis, basi acutis, limbinerviis, pellucido-punctatis; pedunculis solitariis, axillaribus, ad basin ramorum bifloris et ad apicem unifloris, folio dimidio brevioribus, linearibus, strictis; pedicellis pedunculo demidio brevioribus; ovario obconico, piloso pellucido-punctato, biloculari; *sepalis* subrotemdis, duabus interioribus majoribus, pellucido-punctatis, utrinque argute pilosis, concavis, subincurvis; petalis subrotundis, subunguiculatis, venosis, margine ciliolatis, concavis.

TAB. IX.

Frutex 0^m5-0^m6 lg. *Rami* foliosi, brunnei, teretes, decorticantes; *Folia petiolo*, 0^m001-0^m002 lg. ; *lamina* 0^m03 — $0^m045 \times 0^m006$ lg., nervo medio subtus elevato. *Pedunculi* biflori 0^m015 lg., uniflori 0^m023 lg. ; *Pedicelli* 0^m008 lg. *Ovarium* 0^m004 lg. 12-ovulatum. *Sepala* 0^m004 lg. *Petala* alba, $0^m008 \times 0^m007$ lg. *Stamina* 0^m008 lg. stylusque aequantia. *Stylus* erectus, subincurvatus.

HAB. in dumeta Cordillera dos Altos, *ad* Paraguay.
Floret Febr. Hassler Herb. n° 6061.

Ces deux espèces ont quelque affinité avec le *Myrciaria miriophylla* Berg. trouvé à Goyaz et à Minas Geraes, par G. Gardner et par Clausen.

IV. STENOCALYX Berg.

1. STENOCALYX (§ Germen laeve) NANUS BARB. RODR.:

Rami glabri ; ramulis decorticantibus, ferrugineis : foliis sessilibus, ovalibus v. lanceolatis, obtusis, basi subrotundis v. acutis, glabris, discoloribus, supra nitidis, subtus opacis, duplicato-limbinerviis, pellucido-punctatis, nervo medio subtus prominente ; pedunculis axillaribus, solitariis, squamis villoris fultis ; ovario, obconico, lævi, velutino, biloculari ; sepalis lanceolatis, acutis, concavis, reflexis, intus glabris, extus velutinis ; petalis ellipticis, fimbriatis, basi angustatis, patulis, venosis ; stamina petala minora ; antheræ, lineari-oblongæ, apice obtusæ, basi emarginatæ, dorso basi affixæ.

TAB. X.

Frutex $0^{m}1$-$0^{m}2$ lg. *Rami* teretiusculi, decorticantes. *Folia* sessilia, ovalia margine sinuata v. lanceolata, suberecta, $0^{m}060$ — $0^{m}050 \times 0^{m}035$ — $0^{m}018$ lg. *Pedunculi* ad apicem vilosi, $0^{m}030$ lg., squama lanceolata villosa fulti. *Ovarium* loculis pluriovulatis, $0^{m}004$ lg. *Sepala* $0^{m}007 \times 0^{m}003$ lg., extus velutina. *Petala* $0^{m}012 \times 0^{m}008$ lg. *Stamina* inaequalia, erecto-incurva, stylusque majora. *Stylus* erectus, $0^{m}004$ lg.

HAB. in campis Ipê hú, *in alto planitie et declivis* Sierra de Maracayu. *Floret Oct. Hassler Herb. n° 4966.*

2. STENOCALYX NHAMPIRI BARB. RODR. :

Rami laevi, cinnamomei ; ramulis dicorticantibus ; foliis ovatis, acutis, supra nitentibus, brevissime petiolatis, patentibus ; sepalis lanceolatis, subconcavis, acutis, extus pilosis, pellucido-punctatis ; petalis obovalibus, subconcavis, ad marginam ciliatis ; ovarium multiovulatum. Bacca subrotunda-compressa, 8-costata, monosperma.

TAB. XI.

Arbustus 0m50 - 1m alt. *Ramis* divaricatis. *Folia* 0m050 × 0m034 lg., ad basin rotundata, brevissime et abrupte in petiolum attenuata, lamina subtus nervo medio venis venulisque subelevatis. *Flor.* 3-6 contemporanei, longepedicelati, terminali, raro axillari; *sepala* 4, 0m005 lg.; *petala* 4, 0m006 lg.; *stamina* erecta, 0m008 lg.; *ovarium* subpyriformium, pellucido-punctatum, leviter 8-sulcatum, *Stylo* erecto, ad apicem incurvo. *Bacca* rubra, 0m007 × 0m005 lg.

HAB. in campis prope Montevideo. *NHAMPIRI nuncupatur.*

Subtribus PIMENTOIDEÆ Berg.

MYRTEÆ Benth. et Hook.

PSIDIUM Linn.

1. PSIDIUM (§ Costata Berg.) HASSLERIANUM

BARB. RODR.:

Ramulis novellis foliisque subtus ad petiolum rufo-villosis; foliis petiolatis, ellipticis, acutis v. oblongis, apice emarginatis v. subrotundis, basi subrotundis v. subacutis, supra minutissime sparse velutinis, subtus villosis, pellucido-punctatis, discoloribus, arcuatim limbinerviis, nervo medio et venis prominentibus, rufo-villosis; pedunculis axillaribus, solitariis, villosis, unifloris; alabastris clausis, obtusis, ovario oblongo, quadriloculari, pubescenti; bracteolis minimis pubescentibus; calyce inaequaliter quadripartito, lobis extus pubescentibus; petalis suborbicularibus, concavis, venosis, pellucido-punctatis, extus pubescentibus.

TAB. XII.

Frutex 1^{m}-$1^{m}5$ lg.; *rami* teretes, fulvi, glomdulosi; *folia* inferiora breviora subrotunda; *petiolo* antice sulcato, fulvo-velutino, $0^{m}005$ - $0^{m}007$ lg., lamina; $0^{m}080$ - $0^{m}085$ $\times$ $0^{m}027$ — $0^{m}052$ lg.; *Pedunculi* $0^{m}01$ lg., villosi. *Alabastra* villosa, $0^{m}006$ lg., bracteolis 2 villosis, caducis, *Ovarium* villosum, multiovulatum, glandulosum, $0^{m}003$-$0^{m}004$ lg.; sporophoris bilamellatis. *Calyx* lobis coriaceis, $0^{m}005$-$0^{m}003$ lg.; *petala* 4, $0^{m}012$ $\times$ $0^{m}010$ lg., *Stamina* petalis paulo minora, inaequalia; *antheræ* lineari-lanceolatæ, subacutæ, basi emarginatæ, dorso basi affixæ; *stylus* erectus, apice subincurvus, $0^{m}006$ lg.; stigma capitatum.

HAB. in campis prope Igatemy, ad Brasil. *Floret Oct.*
Hassler Herb. Nº 4870.

2. PSIDIUM IGATEMYENSIS BARB. RODR.:

Ramulis novellis foliis petiolis pedunculisque leviter et minute puberulis; foliis petiolatis, coriaceis, ellipticis, utrinque acutis, supra nitidis, nervo medio supra sulcato, subtus elevato, pellucido-punctatis, arcuatim limbinerviis, paulo discoloribus; pedunculis solitariis, axillaribus, petiolum multo majoribus; alabastris clausis, obovalibus, glandulosis argute puberulis; ovario 4-loculari; calyce inaequaliter partito; petala pellucido-punctata; antheræ oblongæ, utrinque emarginatæ, basifixae.

TAB. XIII.

Frutex 1^{m}-$1^{m}5$ lg., *rami* teretiusculi, cinnamomei, decorticantes; *ramulis* superne subcompressis, cinnamomiis. *Folia* inferiora breviora; *petiolo* $0^{m}003$ - $0^{m}005$ lg.; lamina $0^{m}028$ — $0^{m}065$ $\times$ $0^{m}14$ — $0^{m}28$ lg.. *Pedunculi* $0^{m}02$ lg.. *Alabastra* $0^{m}012$ lg., *Ovarium* multiovulatum; sporophoris bilamellatis, $0^{m}006$ lg. *Calyx* lobis subregulariter 4 fissus, $0^{m}010$ lg., *Petala* 4, oblonga, subacuta, subconcava, patula, pellucido - punctata, venosa. *Stamina* petalis paulo minora, $0^{m}008$ lg. *Stylus* staminibus paullo major; *Stigma* globosum.

HAB. in regione dumetosa vicine Rio Igatemy *Floret Sept.*

Hassler Herb. N° 4753.

3. PSIDIUM (§ Obversifolia) CAMPICOLUM BARB. RODR.:

Ramulis glabris; foliis petiolatis, subtus minutissime sparse puberulis, ellipticis, acutis, basi subacutis, inferioribus brevioribus, patulis, supra nitidis, pellucido-punctatis arcuatim limbinerviis. *Pedunculi* subcompressi, axillares, solitarii, triflori, medio sessili, lateralibus pedicellatis. *Ovario* trigono, subsulcato, quadriloculari; calyce irregulariter 4-dentato, intus sparse piloso; petala concava, pellucido-punctata, antheræ oblongæ, apice attenuatæ, utrinque emarginatæ, dorso subtus affixæ.

TAB. XIV.

Frutex $0^{m}2$-$0^{m}4$ lg. *Rami* rufescentes, teretiusculi; *ramuli* superne incrassato-compressi. *Folia petiolo* $0^{m}003$-$0^{m}007$ lg. cylindraceo, supra sulcato, glabro; *Lamina* $0^{m}045$ — $0^{m}110$ × $0^{m}026$ — $0^{m}055$ lg., nervo medio et venis arcuatis subtus elevatis, sparse puberulis. *Pedunculi* compressi, triflori, $0^{m}022$ lg. *Alabastra* $0^{m}012$ lg., glabra, glandulosa; *ovario* $0^{m}004$ lg., trigono, lateraliter bilineato. *Calyx* lobis coriaceis, intus ad apicem pilosis et obtusis, $0^{m}004$ lg. *Petala* concava, subrotunda, pellucido-punctata, venosa alba, $0^{m}010$-$0^{m}012$ lg. *Stamina* petalis subaqualia, $0^{m}010$ lg. *Stylus* erectus, flexuosus; *Stigma* peltatum, $0^{m}01$ lg.

HAB. in regiones fluminis Corrientes. *Floret Sept. Hassler Herb. n° 4522.*

4. PSIDIUM TRIPHYLLUM Barb. Rodr. :

Ramilis novellis foliisque subtus strigosis; foliis ternatis, oblongo-lanceolatis, brevissime petiolatis v. sessilibus, utrinque acutis, supra nitidis sub lente aparse pilosis, subtus opaco-strigosis, discoloribus, pellucido-punctatis, suberectis, arcuatim-venosis, limbinerviis; pedunculis solitariis, axillaribus, unifloris; alabastris clausis, quadridentalis; ovario obconico-oblongo, glanduloso, quadriloculari; calyce quadripartito, glanduloso, lobis intus ad apicem pilosis; petala oblonga, acuta, concava, pellucido-punctata, venosa; antheræ oblongæ, dorso sulcatæ, apice glandulosæ utrinque emarginatæ, basi subtus affixæ.

TAB. XV.

Frutex 0m5-0m8. *Rami* teretes, cinnamomei; *ramulis* trigonis, strigosis. *Folia* brevissime petiolata v. sessilia, *petiolo* 0m001 lg., *lamina* adulta 0m073 × 0m026 lg. *Pedunculi* 0m007 lg., solitarii, uniflori, axillares. *Alabastra* 0m01 lg. glabra. *Ovarium* multiovulatum, sporophoris bilamellatis. *Calyx* lobis coriaceis, regulariter partitus, 0m004 lg. *Petala* 4, 0m012 — 0m009. *Stamina* erecta, undulata, stylusque paulo majora. *Stylus* erectus, peltatus, 0m006 lg.

HAB. in campo Ipê hû, *in alto planitie et decliviis.* Serra de Maracayú. *Floret. Oct. Hassler Herb. n° 4990.*

OBS. On ne doit pas confondre cette espèce avec le *P. ternatifolium* Camb. dont le Dr Berg a fait une variété du *P. grandifolium* Mart.

5. PSIDIUM (§ Albo-tomentosa) ERIOPHYLLUM Barb. Rodr. :

Ramulis foliis subtus pedunculis alabastrique albo-cinereo velutinis; foliis subsessilibus, oblongo-lanceolatis, acuminatis, basi acutis, supra pilosis, subtus dense albocinereo velutinis;

foliis subsessilibus, oblongo-lanceolatis, acuminatis, basi acutis, supra pilosis, subtus dense albo-cinereo, velutinis, pellucido-punctatis, arcuatim limbinerviis,; pedunculis axillaribus, solitariis, unifloris; alabastris turbinatis, velutinis, apice hiantibus; ovario 4-loculari; calyce 4-5-dentato, regulariter partito, lobis utrinque villosis; petala oblonga, acuta, pellucido-punctata, venosa; antheræ oblongæ, dorso apice glandulosæ, glandulâ translucidâ, oleosâ, utrinque emarginatæ, subtus basi affixæ.

TAB. XVI.

Frutex 2m-3m lg. *Rami* teretes, cinnamomei, glabri; *ramuli* teretiusculi, albo-cinereo velutini. *Folia* brevissime petiolata v. subsessilia inferiora minora; *petiolo* raro 0m002-0m003 lg., velutino; *lamina* 0m060 — 0m090 × 0m026 — 0m034 lg., nervis subtus elevatis sericeo-velutinis. *Pedunculi* 0m01 lg., velutini. *Alabastra* velutina, 0m01 lg., bracteolis 2 lineari-lanceolatis, velutinis. *Ovarium* multiovulatum, sporophoris bilamellatis. *Calyx* 4-5-partitus, lobis acutis, supra ad apicem velutinis, subtus velutinis 0m005 lg., patulis. *Petala* 4-5, 0m012 × 0m008 lg. *Stamina* petala majora. *Stylus* petala brevior, erectus, peltatus, 0m008-0m009 lg.

HAB. in campo regione vicine Rio Igatemy, prope Yerbales Serra Maracayú. *Flor. Dec. Hassler Herb. nº 5659.*

6. PSIDIUM LANATUM Barb. Rodr. :

Ramulis foliis subtus petiolisque albo-lanuginosis; foliis breviter petiolatis, oblongo-lanceolatis, acuminatis, basi attenuatis, supra nitidis brevissime sparse pilosis, subtus albo-lanuginosis, nervo medio et venis elevatis, arcuatim limbinerviis pellucido-punctatis; calyce inaequaliter quinquepartito, extus piloso; bacca subglobosa, pilosa.

TAB. XVII.

Frutex 1m-1m5 lg. *Rami* glabri, cinnamomeo-flavicantes, nodosi; *ramulis* lanuginosis. *Folia* inferiora breviora. *Petiolo* antice sulcata 0m003-0m005 lg. *Lamina* 0m040 — 0m010 × 0m015 — 0m033 lg. *Pedunculi* 0m006 lg. *Bacca* 0m018 × 0m018 lg. *Sepala* inaequaliter coronata.

HAB. in campo Ipê hú, *in alto planitie et declivüs* Serra Maracayú. *Floret Dec. Hassler Herb. n° 5263.*

De cette espèce, malheureusement, je n'ai vu que deux fruits desséchés et pourris en dedans.

7. PSIDIUM SPODOPHYLLUM Barb. Rodr.

Ramulis foliis subtus pedunculis alabastrisque cinereo-lanuginosis; foliis breviter petiolatis oblongis, utrinque acutis, supra pubestentibus, subtus dense cinereo-lanuginosis, pellucido-punctatis, limbinerviis, discoloribus; pedunculis axillaribus, solitariis, compressis, lanuginosis, cymoso-trifloris, floribus in dichotomia sessilibus, folio triplo brevioribus; alabastris medio vix constrictis, apice apertis, quinquedentatis; ovario quadriloculari, lanuginoso; calyce irregulariter partito, lobis acutis, utrinque lanuginosis; petala obovalia, subtus unguiculata, venosa, pellucido-punctata; antheræ lanceolatæ, utrinque emarginatæ, subtus concavæ, apice glandulosæ, glandulâ translucidâ, subbasifixæ.

TAB. XIX.

Suffrutex 0m2-0m3 lg. : *Ramis* et *ramulis* subcompressis, cinnamomeis, cinereo-villosis. *Folia; Petiolo* 0m-003-0m005 lg. antice sulcato, villoso; *lamina* 0m05 — 0m10 × 0m015 — 0m036 lg.; arcuatim limbinervia, nervo medio subtus prominente, venis prominulis. *Pedunculi* axillares, arcuati, compressi, villosi, 0m02 lg., triflori; *pedicelli*, 0m002-0m003 lg., bractea lineari-lanceolata fulti. *Ovarium* multiovulatum. *Sepala* inaequalia, recurva, acuta, utrinque villosa, 0^m015 lg. *Petala* alba 0^m016 × 0^m007 — 0^m010 lg. translucido-punctata. *Stamina* stylusque subaequalia. *Stylus* erectus, pellucido-punctatus, 0^m012-0^m013 lg. *Stigma* subglobosum.

HAB. in campo in regione prope Rio Corrientes. *Floret. Sept. Hassler Herb. nº 4521.*

8. PSIDIUM? RUFINERVUM BARB. RODR.:

Ramulis rufo-velutinis; foliis breviter petiolatis, obovalibus, basi oblique attenuatis, acutis, utrinque lanuginosis, arcuatim limbinervis, nervo medio et venis rufis subtus elevatis, pellucido-punctatis; pedunculis velutinis, axillaribus, solitariis; alabastris apice hiantibus; ovario 5-loculari, glanduloso, velutino, bibracteato; calyce regulariter, 5-partito, utrinque velutino; petala suborbicularia, brevi unguiculata, concava, venosa, pellucido-punctata, margine fimbriata; antheræ lanceolatæ, ad apicem glandulosæ, basi emarginatæ, dorso convexæ, basifixæ.

TAB. XVIII.

Fruticosa; folia et flores ad superficiem terræ; caulis subterraneus. *Folia petiolo* velutino, 0^m003-0^m004 lg. *lamina* novella subaureo-velutina, 0^m040 — 0^m045 × 0^m030 — 0^m035 lg. *Pedunculi* velutini, 0^m003-0^m004 lg.; bracteolis 2, lineari-lanceolatis, velutinis, ovarium majoribus. *Alabastra* 0^m018 lg. velutina. *Ovarium* multiovulatum, obconicum, velutinum. *Calyx* lobis patulis, utrinque velutinis, regulariter partitis, acutis 0^m01 × 0^m007 lg. *Petala* 0^m017 × 0^m015 lg. *Stamina* stylusque majora. *Stylus* erectus, peltatus, basi velutinus.

HAB. in alto planities et decliviis Sierra de Maracayú, *in campo prope* Ipê hú. *Floret. Dec. Hassler Herb. nº 5232.*

MYRTUS Linn.

1. MYRTUS HASSLERIANA Barb. Rodr.

Ramulis foliis pedunculis et alabastris albo-lanuginosis; foliis orbiculari-ovatis v. ovato-oblongis, apiculatis, brevissime petiolatis, utrinque albo-lanuginosis, pellucido-punctatis, limbinerviis, reticulato-nervosis; pedunculis axillaribus, solitariis, gracilibus, unifloris, folio longioribus; ovario triloculari; sepalis 5, extus villosis, subovatis, acutis; petalis late obovatis, concavis, basi attenuatis, pellucido-punctatis, venosis; antheræ subreniformes, dorso concavæ, utrinque emarginatæ, dorsaliter mediifixæ.

TAB. XX.

Suffrutex $0^{m}1$-$0^{m}15$ lg., dumosus; *rami* teretes, infra glabri, supra lanuginosi. *Foliis* $0^{m}032$ — $0^{m}047 \times 0^{m}030$ — $0^{m}031$ lg., nervo medio subtus prominente. *Pedunculi* $0^{m}045$-$0^{m}050$ lg., *Alabastra* late obovata v. subrotunda $0^{m}01$ lg., basi bibracteata, *bracteâ* lineari-lanceolatâ, villosâ, sepala subaequaliâ. *Ovarium* multiovulatum, sporophoris bilamellatis. *Sepala* 5, patala, concava, extus villosa, $0^{m}004$ lg. *Petala* concava, margine superiore incurva, alba, $0^{m}01 \times 0^{m}008$ lg. *Stamina* petala subaequantia, stylusque breviora. *Stylus* incurvus, $0^{m}009$ lg.

HAB. in campo ad regione prope Rio Curuguatay *in* Republicae Paraguay. *Floret Sept. Hassler Herb. nº 4609.*

2. MYRTUS FORMOSUS Barb. Rodr. :

Rami foliis pedunculis et alabastris lanuginosis; foliis oblongis, acutis, sessillibus, suberectis, discoloribus, supra pubescentibus, subtus albo-lanuginosis, pellucido-punctatis, limbinerviis; pedunculis axillaribus, solitariis, unifloris, lanuginosis, inferioribus folio majoribus; ovario triloculari, lanuginoso, bibracteato; bractea lineari-lanceolatâ, acutâ, villosâ; sepala 5, lanceolata, acuta, patula, subtus villosa; petala 5, inaequalia, oblonga v. late oblonga, concava, patula, margine superiore incurva, pellucido-punctata, venosa, basi attenuata; stamina stylusque breviora; stylus erectus, curvatus.

TAB. XXI.

Suffrutex $0^{m}1$-$0^{m}2$ lg. *Ramuli* erecti, 3-6 contemporanei, lanuginosi. *Foliis* $0^{m}030$ — $0^{m}037$ × $0^{m}014$ — $0^{m}020$ lg., nervo medio dorso prominente. *Pedunculi* $0^{m}030$-$0^{m}035$ lg., erecti, breviter lanuginosi. *Alabastra* velutina, $0^{m}008$ lg., bracteolis 2, lanceolatis, acutis, $0^{m}003$-$0^{m}004$ lg., caducis. *Ovarium* oblongum, lanuginosum, multiovulatum, sporophosis bilamellatis, *Sepala* 5, $0^{m}004$ lg. *Petala* $0^{m}020$ — $0^{m}023$ × $0^{m}010$ — $0^{m}014$ lg. patula, margine incurva. *Stamina* petalis breviora. *Stylus* erectus, ad apicem incurvus, $0^{m}01$ lg.

HAB. in campo Ipê hú, *in alto planitie et decliviis* Sierra Maracayú. *Floret Oct. Hassler Herb. n° 5079.*

ABBEVILLEA Berg.

1. ABBEVILLEA BULLATA Barb. Rodr. :

Ramulis strigosis, folliis venis pubescentibus, pedunculis et alabastris lanuginosis ; foliis oblongis, obtuse acutis, petiolatis, bullatis, pellucido-punctatis, nervo medio venisque subtus elevatis et pubescentibus, supra nutidis, margine irregulariter subcrenatis, arcuatim limbinerviis; pedunculis axillaribus, solitariis, unifloris, petiolo longioribus; alabastris pyriformibus; ovario 10-loculari; lobis calycinis, subrotundis ; antheræ lineari-lanceslatæ, dorso sulcatæ, apice glandulosæ, basi subemarginatæ, basi fixæ.

TAB. XXII.

Frutex $0^{m}2$-$0^{m}4$ lg. *Ramuli* teretiusculi, pubescentes. *Folia* bullata, *petiolo* pubescenti, $0^{m}005$-$0^{m}008$ lg., *lamina* $0^{m}030$ — $0^{m}070$ × $0^{m}016$ — $0^{m}033$ lg., nervo medio subtus elevato. *Pedunculi* $0^{m}008$ lg. *Alabastra* $0^{m}013$ lg., bracteolis 2, lineari-lanceolatis, acutis, pubescentibus ; ovarium sporophoris medio axi affixis, ovulis biseriatis ; calyx patellaeformis, 5-dentatus, dentibus subrotundis, $0^{m}004 \times 0^{m}002$ lg., patentibus. *Petala* 5, alba, orbicularia, brevi unguiculata, pellucido-punctata, venosa, patentia, $0^{m}012 \times 0^{m}011$ lg. *Stamina* oblique inserta; *Stylus* erectus, $0^{m}006$ lg.

HAB. in regione vicine Igatemy. *Floret Oct. Hassler Herb. n° 4798.*

Cette espèce a été trouvée poussant au milieu d'un nid de thermites, dans les champs près de la rivière Igatemy.

CAMPOMANESIA Rz. et Pav.

1. CAMPOMANESIA (§ velutina) DIVERSIFOLIA

BARB. RODR. :

Ramulis novellis ferrugineo-tomentellis; foliis novellis subtus, argute albo-cyaneo lanuginosis; foliis alternis v. ternatis, petiolatis, coriaceis, ovali-oblongis, utrinque angustalis v. ellipticis, obtusis, acutis, basi obtusis, adultis supra glabris, novellis subtus ferrugineo-venosis demun flavicanti-venosis, pellucido-punctatis, reticulatis, arcuatim limbinerviis; pedunculis solitariis, axillaribus, unifloris, erectis, squama fultis; ovario quinquelo-culari; velutino; sepalis 5, suborbicularibus, subacutis, velutinis; petalis suborbicularibus, venosis; antheræ oblongæ, utrinque emarginatæ, dorso convexæ, basi subtus affixæ.

TAB. XXIII,

Frutex $0^{m}5$-$0^{m}6$ lg. *Ramulis* ad apicem subtrigonis. *Folia* magnitudine diversa, $0^{m}090 \times 0^{m}035$ lg. v. $0^{m}105 \times 0^{m}060$ lg., venis ferrugineis; *petiolo* $0^{m}005$ — $0^{m}010$ lg., antice sulcato. *Pedunculi* $0^{m}02$ lg., villosi, basi squama fulti, erecti. *Alabastra* $0^{m}008$ lg., bracteolis 2, linearibus, tomentosis. *Ovarium* multi-ovulatum, ovulis biseriatis, angulo loculorum interno affixis. *Sepala* 5, patentia, $0^{m}003$-$0^{m}004$ lg. *Petala* $0^{m}011 \times 0^{m}011$ lg., subconcava. *Stamina* petala subaequalia. *Stylus* incurvatus, 0ᵐ007-0ᵐ008 lg. *Stigma* subcapitatum.

HAB. in campis ad regione vicine Igatemy. *Floret Oct. Hassler Herb. nº 4799.*

2. CAMPOMANESIA HASSLERII BARB. RODR. :

Ramulis glabris; foliis oppositis, discoloribus, petiolatis, lanceolatis, utrinque angustatis, acutis apiculatis, supra glabris, subtus argute lanuginosis, nervo medio et venis ferrugineis elevatis, limbinerviis; reticulatis; pedunculi supra axillares, solitarii, uniflori; alabastra glabra; ovario 4-loculari; sepalis 4, oblongis, subacutis, patulis; bacca sepalis 4, acutis coronata.

TAB. XXIV.

Frutex 1ᵐ-1ᵐ5 lg. *Ramulis* cinnamomeis, glandulosis, glabris. *Folia* pellucido-punctatis, *petiolo* 0ᵐ003 lg., *lamina* 0ᵐ050 — 0ᵐ080 × 0ᵐ022 — 0ᵐ030 lg.; *Pedunculi* 0ᵐ018 lg. *Alabastra* 0ᵐ004 lg., glabra, bracteolis 2, caducis. *Ovarium* multiovulatum, ovulis biseriatis, angulo loculorum interno affixis; *Sepalis* 0ᵐ004 × 0ᵐ003 lg. *Bacca* oblonga, sepalis 4 coronata, 0ᵐ015 × 0ᵐ012.

HAB. in campis prope Igatemy. *Floret Oct. Hassler Herb. nº 4858.*

Je n'ai vu de cette espèce que deux fruits desséchés et pourris en dedans.

3. CAMPOMANESIA (§ reticulata) TRICHOSEPALA BARB. RODR. :

Ramulis glabris, cinnamomeis; foliis petiolatis, lanceolatis, utrinque angustatis, obtuse acutis, basi acutis supra glabris, subtus argute lanuginosis, discoloribus, nervo medio et venis subtus glabrescentibus, elevatis, pellucido-punctatis, arcuatim limbinerviis, minute reticulatis; pedunculis glabris, axillaribus, solitariis, unifloris ; ovario quinqueloculari ; bacca globoso-compressa, sepalis utrinque velutinis, subovatis, obtusis coronata.

TAB. XXV.

Ramulis compressi, rimulosi. *Foliis petiolo* glanduloso, antice sulcato, 0^m005 lg., *lamina* 0^m040 — $0^m085 \times 0^m015$ — 0^m035 lg., nervo medio supra sulcato subtus prominente. *Pedunculi* glabri, compressi, 0^m015 — 0^m020 lg., bracteis fulti. *Bacca* globoso compressa, exsiccata, purpureo-nigra, $0^m012 \times 0^m015$ lg., sepalis utrinque velutinis coronata.

HAB. in campis regione vicine Igatemy. *Floret Sept. Hassler Herb. n° 4774.*

4. CAMPOMANESIA RESINOSA Barb. Rodr. :

Ramuli glabri, badii, compressi ; foliis oblongis, basi angustatis, acutis, ad apicem acutis v. rotundatis, glabris, discoloribus, pellucido-punctatis potiùs glandulosis, glandulâ resiniferâ, arcuato limbinerviis, nervo medio subtus prominente ; pedunculis solitariis, axillaribus, erectis, folio minoribus, unifloris ; ovario quinqueloculari, glanduloso ; sepalis late suborbicularibus, intus pubescentibus, extus glandulosis ; petalis suborbicularibus, fimbriatis, pellucido-punctatis, unguiculatis, concavis, venosis ; antheræ subcordiformes emarginatæ, subtus concavæ, dorso basi affixæ.

TAB. XXVI.

Ramulis compressis, strictis, badiis, superne foliosi glandulosi. *Folia* erecta, *petiolo* glanduloso, 0^m004 lg., *lamina* supra glabra, subtus glandulosa, 0^m015 — $0^m048 \times 0^m005$ — 0^m008 lg. *Pedunculi* glandulosi, compressi, 0^m02 lg. *Alabastra* pyriformia, 0^m008 lg. ; *bracteolis* 2, saepius foliaceis, lanceolatis, obtusis, 0^m005 — $0^m015 \times 0^m002$ — 0^m007 lg., deciduis. *Ovarium* multi-ovulatum, glandulosum. *Sepala* 5, extus glandulosa, intus velutina, $0^m004 \times 0^m005$ lg. *Petala* 5, alba, $0^m015 \times 0^m011$ lg. *Stamina* petala subaequalia. *Stylus* petala brevior ; *stigma* peltatum, 0^m006 lg.

HAB. in campis Ipê-hú, *in alto planitie et decliviis* Sierra de Maracayú. *Floret Oct. Hassler Herb. n° 5080.*

1
2
3
4
5
6
2/1
1/1
4/1

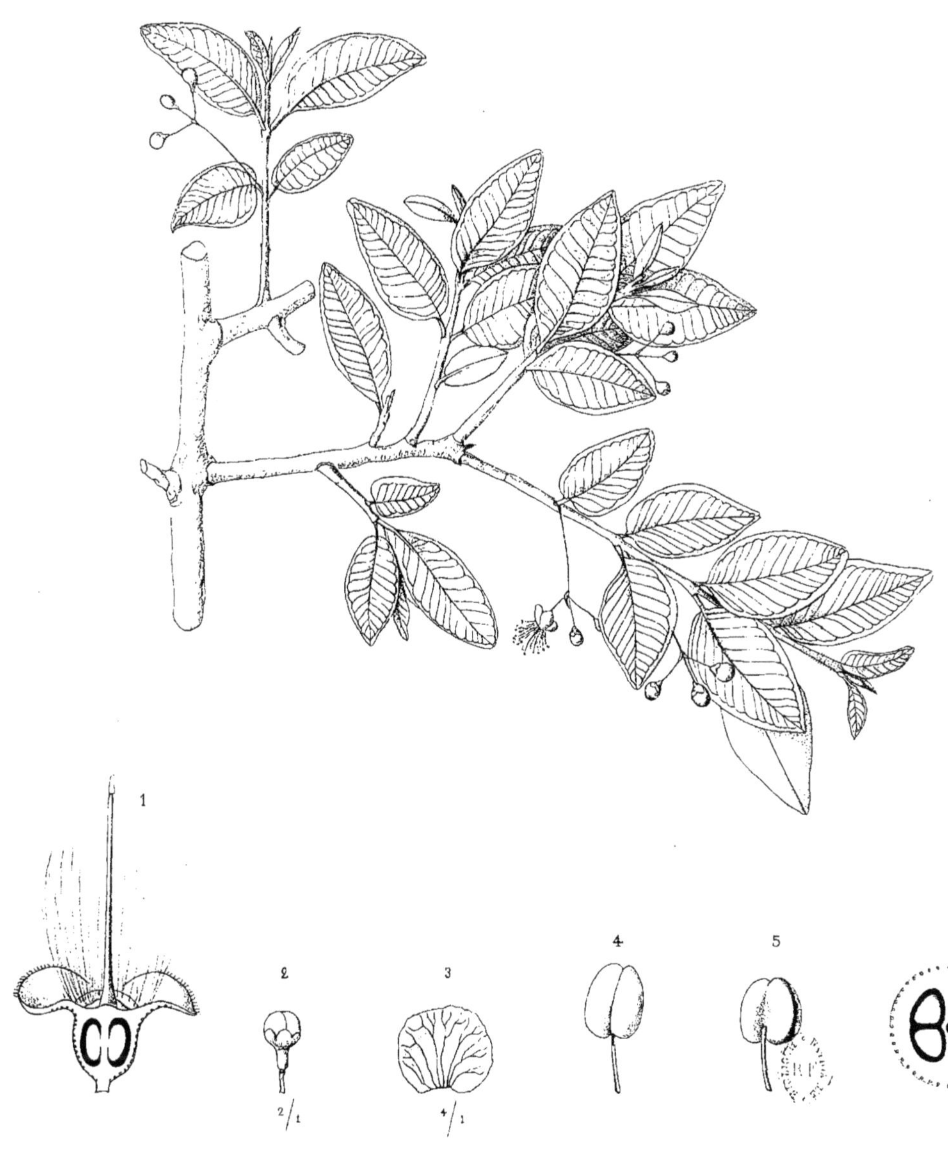
1
2
2/1
3
4/1
4
5

2
1
3
4
5
6.
4/1
2/1
1/1

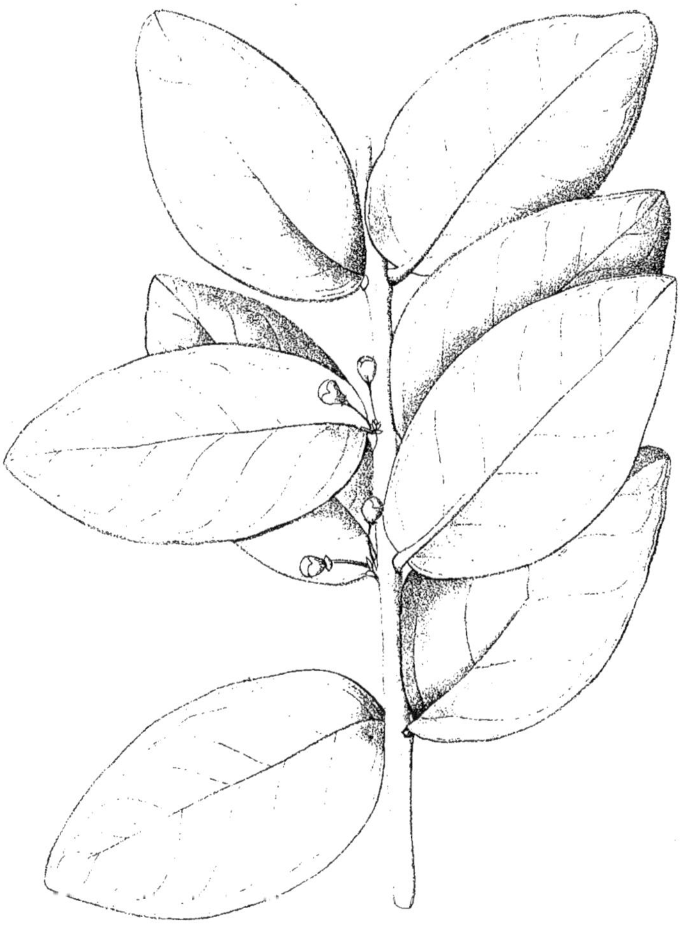

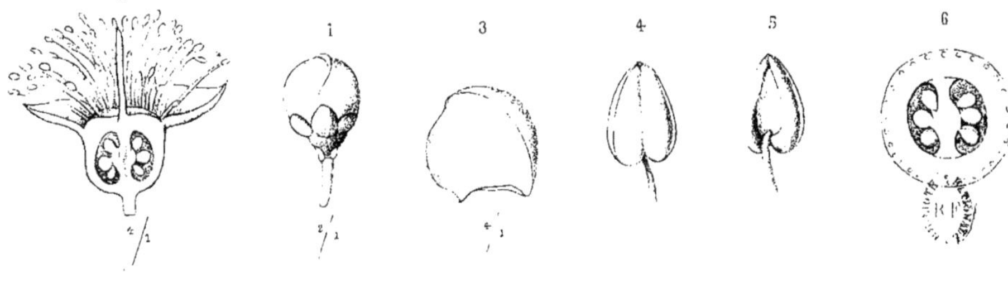
2
1
3
4
5
6
2/1
2/1
4/1

2
1/1
1
2/1
3
1/1
1/1
4
5
6

1
4/1
2
2/1
3
1/1
4
5
6

1
4/1
2
2/1
3
1/1
4
5
6

1
2
3
4
5
6
4/1
3/1
2/1

1
2
3
4
5
6
4/1
1/1
2/1

1
2
3
4
5
6
4/1
1/1

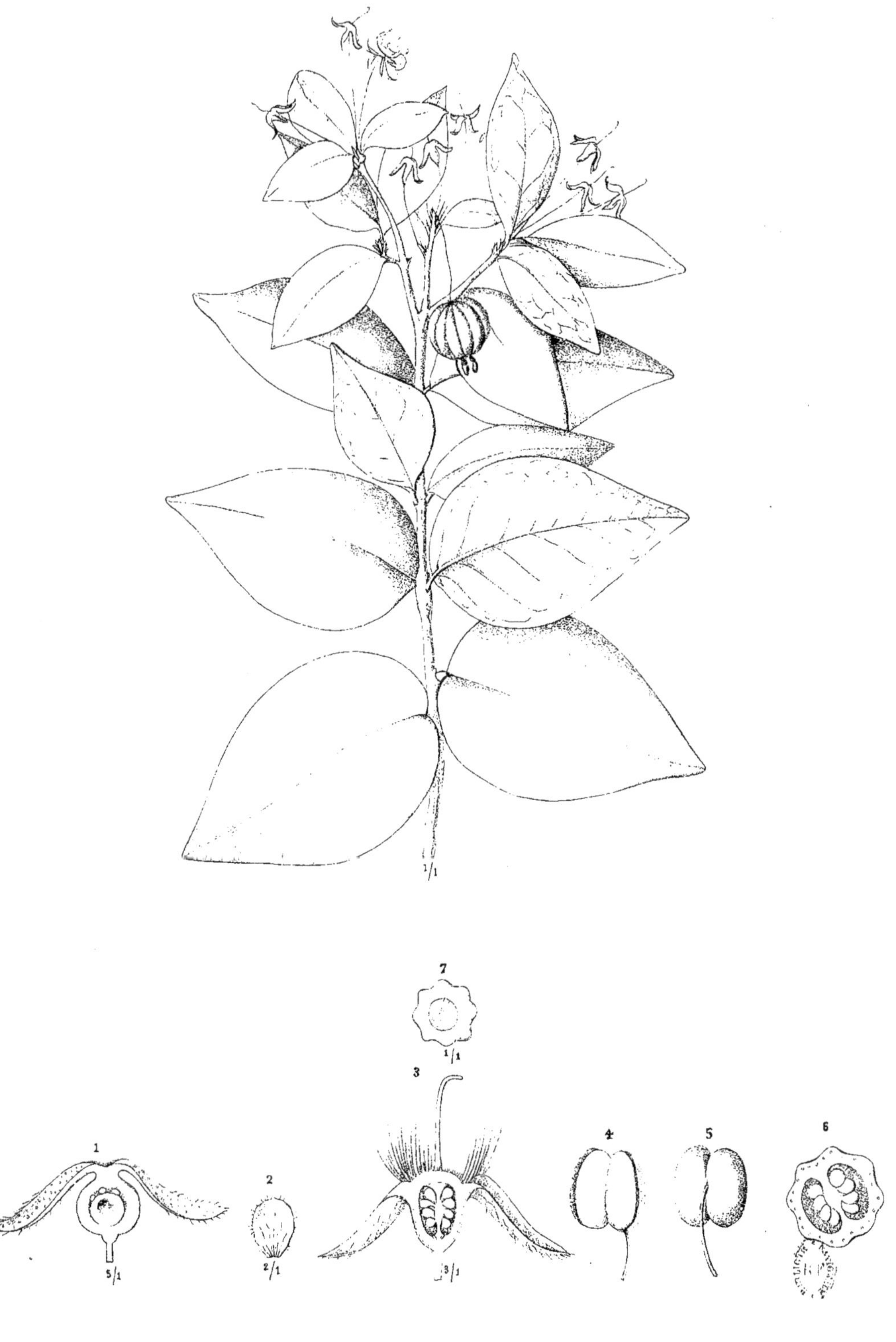
1/1
7
1/1
3
1
2
4
5
6
5/1
2/1
3/1

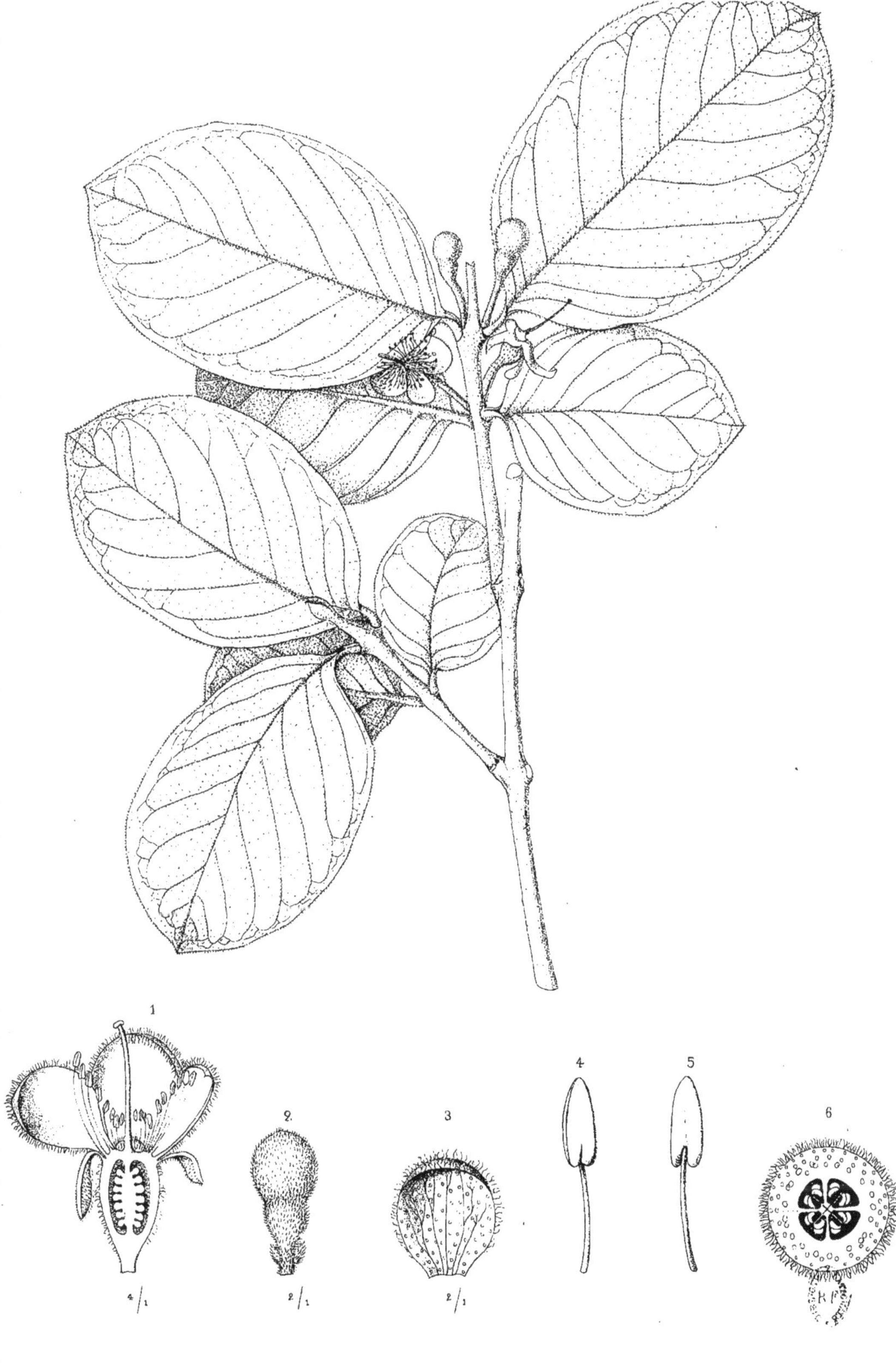
1
2
3
4
5
6
4/1
2/1
2/1

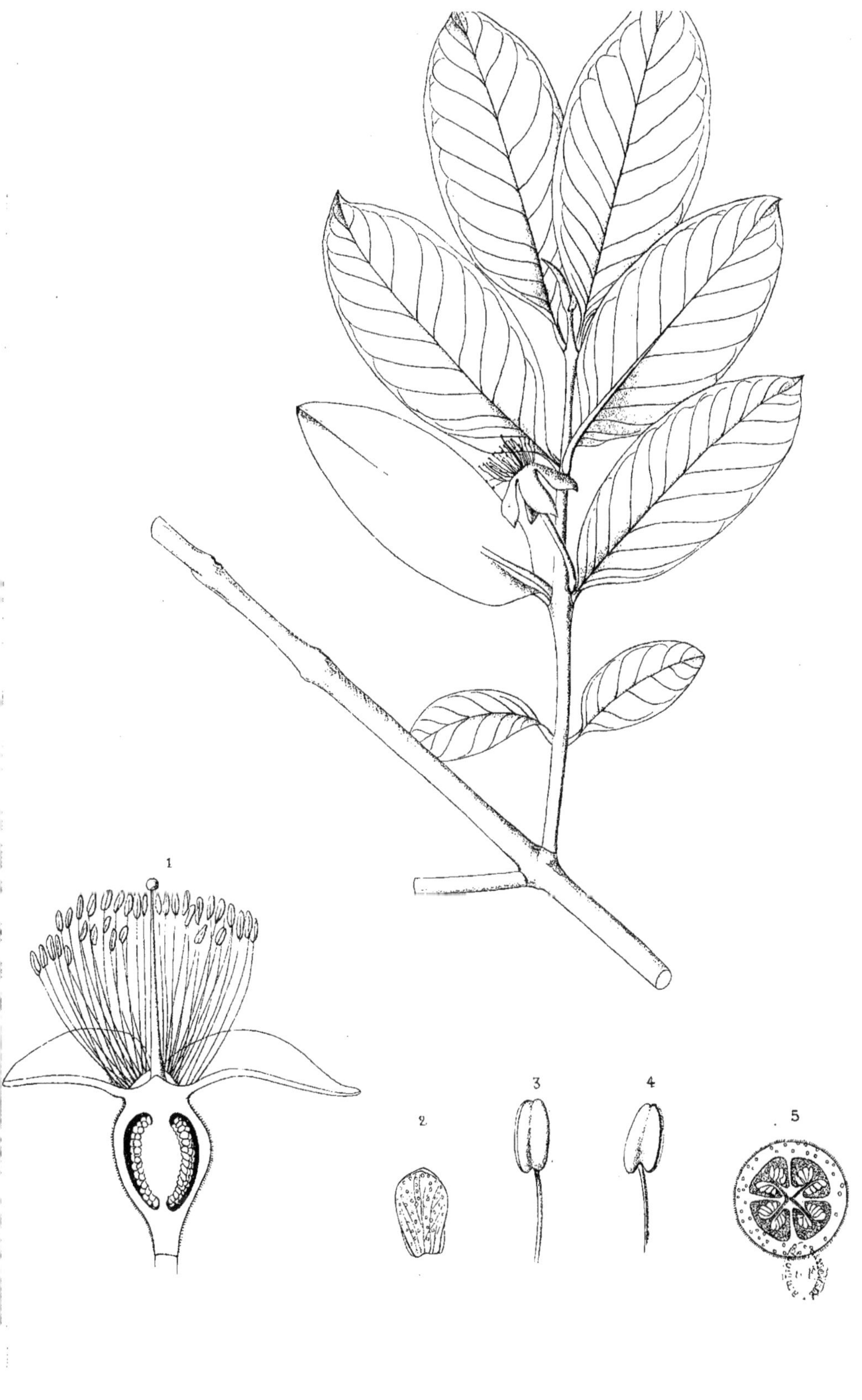
1
2
3
4
5

1
2
3
4
5
6

1
2
3
4
5

1
2

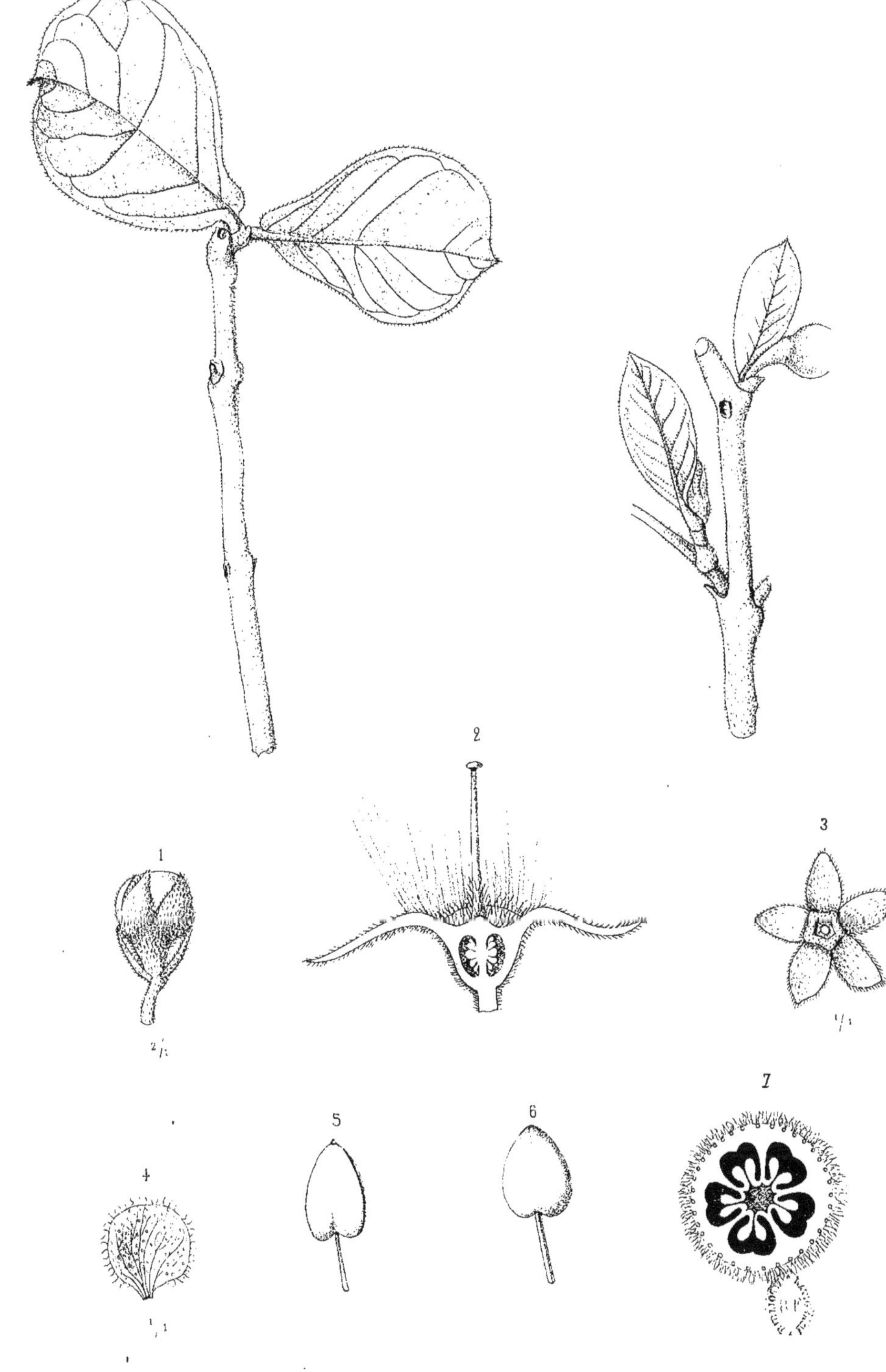
2
1
3
2/1
1/1
7
5
6
4
1/1

3
8
2
1
4
5
6
7

1
2
3
4
5
6
7
4/1
2/1
2/1

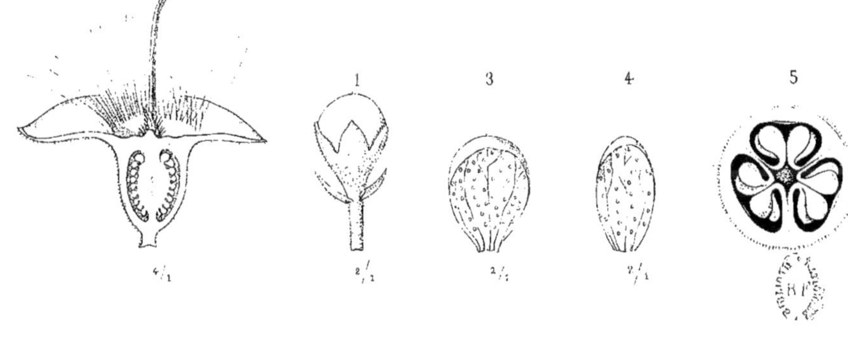
2
1
3
4
5
4/1
2/1
2/1
2/1

2
1
3
4
5
6

A
B
1
2
3
4
5
6

1
2
3
1/1
2/1
3/1

1
2/1
1/1
2
1/1
3
2/1
4

2
1
3
4
5
6

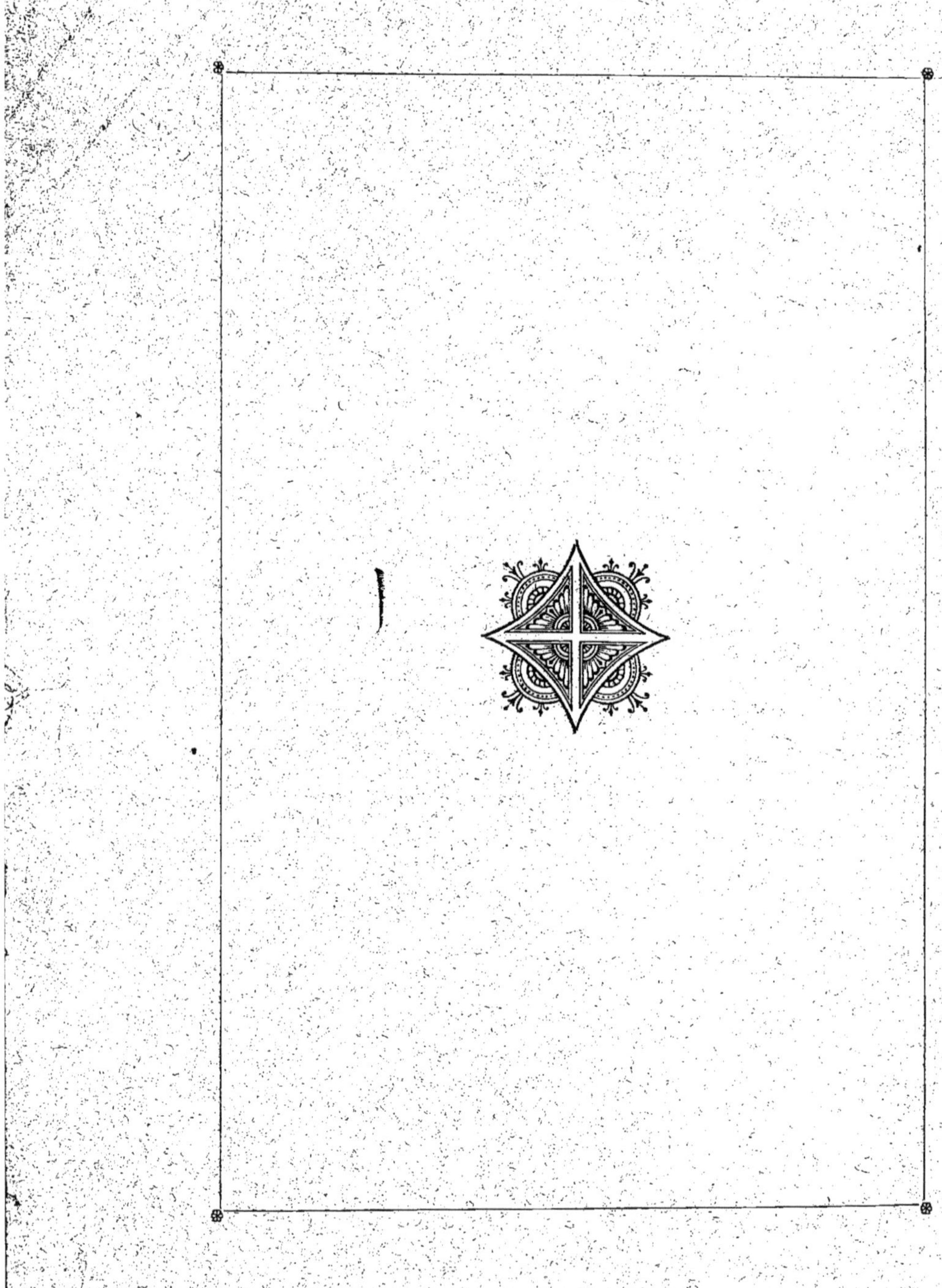

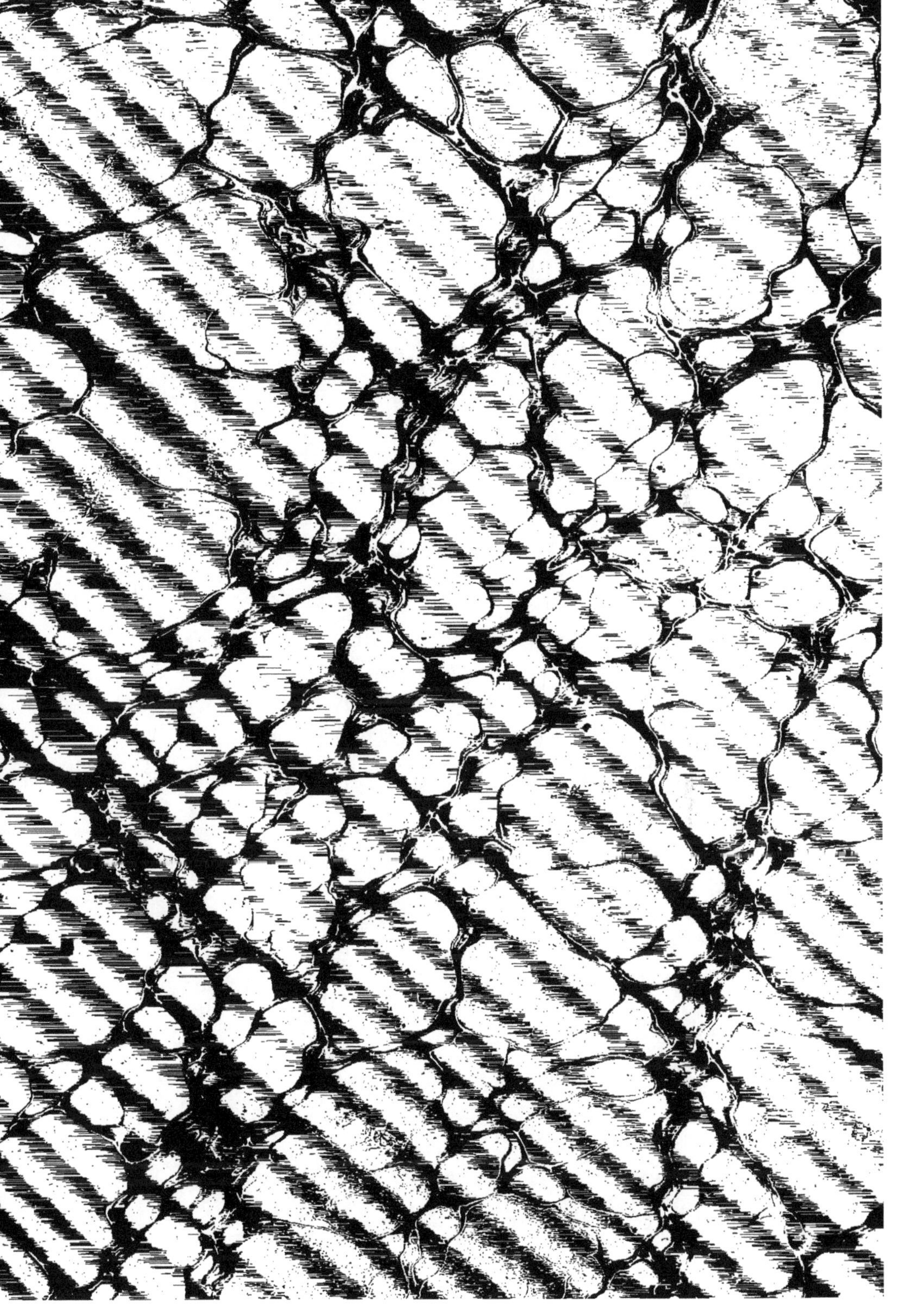

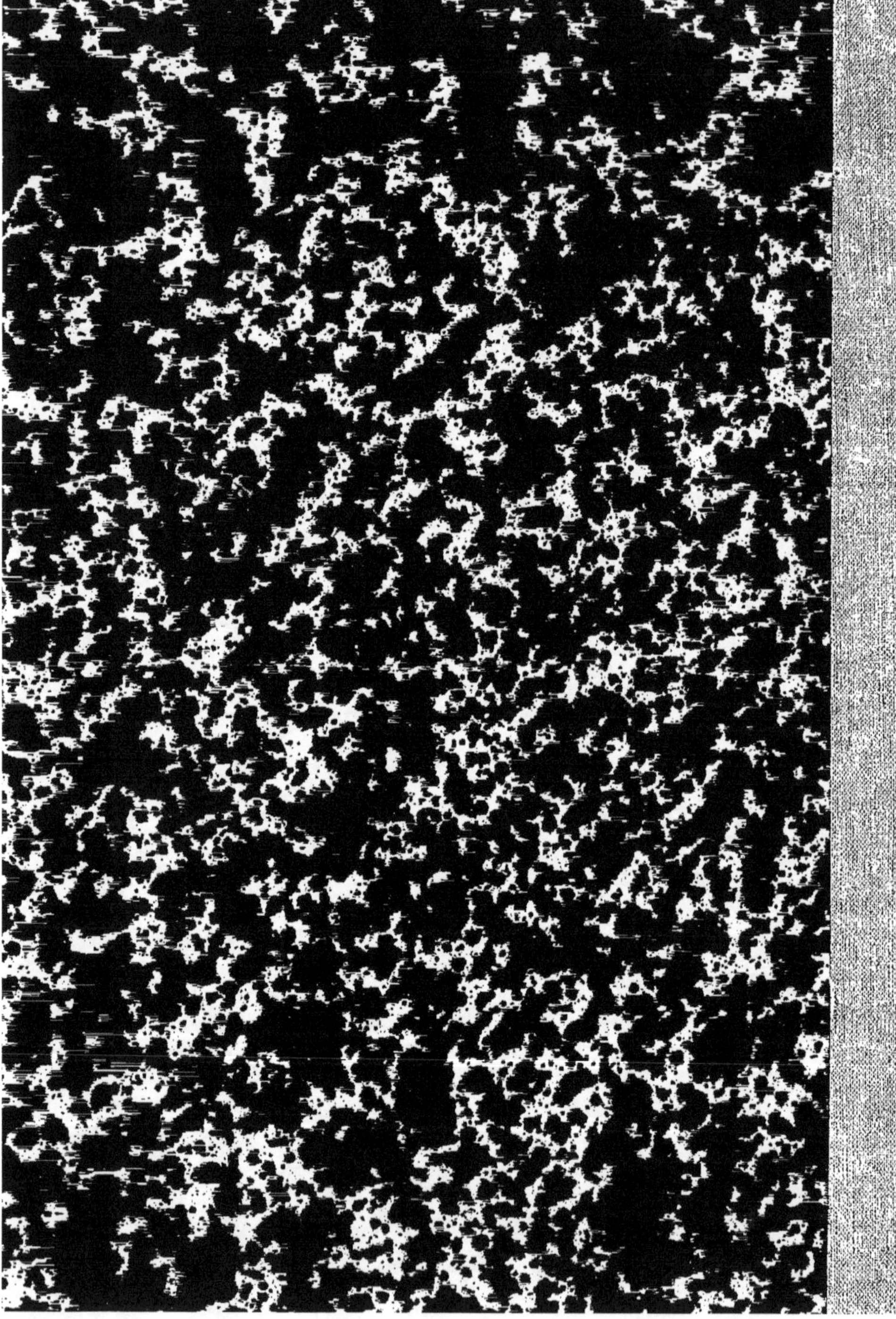

www.ingramcontent.com/pod-product-compliance
Ingram Content Group UK Ltd.
Pitfield, Milton Keynes, MK11 3LW, UK
UKHW012053240726
13965UKWH00003B/1260

9 782013 249195